拇指盆栽

3cm超可爱盆栽简单种

[日]岩井辉纪◎著　　陈宗楠◎译

煤炭工业出版社

·北 京·

前　言

　　"拇指盆栽"指的是一种小巧到可以直接放置于指尖的小型盆栽。

通常的盆栽大小约为20cm左右，

完成一件盆栽作品需要20年以上的时间，

而拇指盆栽制作时间较短，

完成后可以立刻拿来鉴赏把玩。

制作简单、放置起来不占地方、对任何人来说都可以轻易上手、可

以作为装饰品和小摆件将房间装饰得美观时尚，

这些都是拇指盆栽的优点。

另外，当熟练掌握护理盆栽的技巧后，

可以在相当长的时间内体会其成长变化的乐趣。

每当我们提起"盆栽"的时候，

通常大家便会产生"闲人的爱好"，

但"拇指盆栽"也适合那些平时比较繁忙的人以及年轻女性，

用这些小巧的绿色装点日常生活，

能够令人随时感到心情放松。

让我们一起开始尝试种植拇指盆栽吧！

能放置于手指上的小巧盆栽

"拇指盆栽"指的是那些大小仅为3cm左右的盆栽。

无法形容的小巧可爱是其最基本、最显著的魅力。

矮小却奋力地生长，显示其勃勃的生机。

小球玫瑰（多肉植物）

体会传统盆栽的趣味

在不断照顾植物的枝叶的同时进行培育，按照自己构思的外形制作盆栽，

是传统盆栽艺术的重要特点之一。

在制作培育拇指盆栽的过程中，也能够真正体会传统盆栽的趣味。

枸子

一年生栓皮栎与两年生栓皮栎

培育欣赏坚果发芽成长的乐趣

在制作拇指盆栽的时候，可以培育坚果等种子发芽，或者是通过插枝生根的方式培育苗木，在其生根发芽成长的过程中观察其变化，每天欣赏其中的乐趣。

合欢花与坚果的组合盆栽

在拇指盆栽中感受季节更迭

发芽、开花、红叶、落叶……植物四季的不同风貌，在小盆内的微缩世界里都能够随时光的变换一探究竟。在这个意义上，可以说拇指盆栽让四季的变换接近我们的生活，是一个自然界的缩略图。

榔榆

海棠

流苏树

付出辛劳对其进行装饰
也令人乐在其中

使用轻巧可人的小容器和杯垫，
与缩微模型一同摆设。
装饰的方式没有定规，
可以按照自己的构思来完成作品。
这就是拇指盆栽装饰
所独有的乐趣所在。

海棠

按照自己的风格来设计拇指盆栽

等你基本掌握了盆栽种植技巧，
便可以对树形和装饰方式
有一个事先的构思，
其过程就像完成了一次拇指盆栽的制作一样。
拇指盆栽，可以说是一种微型的艺术品。
对其进行素材选择和造型设计，
拥有独特的乐趣。
一定要细细体味！

五叶松

目 录

第一章

拇指盆栽的基础知识及准备

为了能够让大家详细了解拇指盆栽相关知识，

对拇指盆栽有一个具体的印象，

在这里我将对拇指盆栽的制作步骤，

以及准备工作等方面进行一个具体的介绍。

如果你产生了"我想尝试制作拇指盆栽"的想法，

那么请一定要浏览查阅本章节内容。

栓皮栎

红垂枝枫树

花梨树

拇指盆栽是指什么？

所谓"盆栽"，顾名思义就是种植在盆中的植物。
但真正对盆栽有详细了解的人恐怕不多，
首先，我们在这里对盆栽进行一个简单的介绍。

不超过 3cm 的小小盆栽

盆栽根据体积大小不同可以分为多种不同的类型。如右图所示，大体上可以按体积分为"大型盆栽""中型盆栽""小型盆栽"三种。这是一般的分类原则。但是，最近有一种人气盆栽，比通常的小型盆栽还要小数倍，其体积小到"可以轻松放置于手掌中"。

这种体积比一般的小型盆栽还要小的盆栽，就被称为"迷你盆栽"或者"豆粒盆栽"。而我们所谓的"拇指盆栽"是比这种迷你盆栽更小的盆栽种类。在本书中，我们将树木的高度、宽幅都在 3cm 以下的微型盆栽称之为"拇指盆栽"，这并不是说需要经过严格的测量，通常来说"可以整个放在指尖上的小巧盆栽"就可以被认为是拇指盆栽了。

盆栽的种类

大型盆栽	树高60cm以上
中型盆栽	树高20~60cm
小型盆栽	树高20cm以下
迷你盆栽	树高10cm以下
拇指盆栽	树高3cm以下

一般的小型盆栽　　迷你盆栽　拇指盆栽

温馨提示

盆栽的历史

盆栽起源于以摹仿自然山水景色营造风景的园林艺术，据史书记载，早在黄帝时期，中国就有园林种植艺术出现，之后经过各朝各代的演化和发展，东汉时期出现了最早的中国盆栽的原型。由历史记载来推断，中国盆栽的形成较日本早上千年。

日本的盆栽历史，可以追溯到中国的遣隋使、遣唐使远渡重洋来到日本的时候。从平安时代（794年~1192年）开始，贵族们开始学着将植物种植在容器中加以欣赏，镰仓时代开始尝试使用多种树种和容器。之后，在江户时代随着在容器中种植植物的方式从大名传向平民阶层，这种种植方式流行起来，"盆栽"这种固定的叫法也开始普及。

近年来，在欧美国家，对盆栽艺术的追求大为流行，迅速出现了一众"盆栽"爱好者。这种风潮也传到亚洲地区，使这种一直以来被认为是中老年人特有的爱好，开始被众多的年轻女性所接受和喜爱。受这种趋势的影响，更为轻巧简便的拇指盆栽的出现以及其受到追捧，也就不难理解为一种顺势而生的趋势了。

落霜红

樱花

拇指盆栽图鉴

六月雪

细柱柳

连翘

五叶松

扶芳藤

拇指盆栽的魅力有哪些？

推荐拇指盆栽的理由究竟是什么？拇指盆栽与大型的盆栽的区别有哪些？
与普通的观叶植物或者花卉有着怎样的区别？
在这里我们将让你对拇指盆栽的魅力有一个详细的了解。

制作便捷　小巧可爱

盆栽一般指的是"种植在容器中，通过对枝干加以处理制成的鉴赏用的观赏植物"。与普通的观赏植物不同，盆栽强调的是在小巧的容器中通过植物种植来表现大自然的景观。如果要让其达到理想中的造型一般需要数年时间。培养培育的过程，要花费大量的时间和费用，所以盆栽一直是那些时间比较宽裕的人的爱好。

而"拇指盆栽"的培育则能够使用相对比较短的时间和相对少的费用。甚至在某些时候，拇指盆栽可以在准备好苗木后，马上进行修枝和装饰，然后加以鉴赏，并且因其小巧而独具魅力。如果加以精心的照料，能使盆栽中的植物长时间生长，并能够从中体会到植物的成长和树形变化的乐趣。另外，拇指盆栽的制作、培育、装饰都比较简单，所以对于年轻女性来说也非常适合。

将藤类植物弯曲制成的拇指盆栽。推荐盆栽初学者尝试制作。
（→P36）

制作之乐

不仅小巧可爱，
还能够按照自己的思路来处理枝干，
形成自己的风格，是拇指盆栽特有的魅力。
在培育制作方面也能轻易上手。

培育之乐

如果放置不管，很容易羸弱枯萎，
这也是拇指盆栽的特点之一。
但悉心照料能够令其多年生长，
从中欣赏经年累月的变化之乐。

照片左边是一年生的松树，右边是两年生的。虽然幼小，但是经过时间的洗礼也会体现出不同的风格。

按照心目中理想形状进行剪枝管理。在习惯之后，过程也变得快乐。→ P48

装饰之乐

拇指盆栽如装饰物一样可爱。
将其放入透明的小容器中，
放置在身边
轻松装饰成精致的风景。

将多株植物摆在一起乐趣倍增。可以选择放置在窗边、书架上、厨房等位置。

拇指盆栽的基本制作步骤

比大型盆栽更为简洁轻盈是拇指盆栽的特点之一，
但是，种植过程也是盆栽艺术的重要趣味之一。
悉心照料，观察变化，边把玩边完成制作，让我们一起来尝试吧！

首先是培育苗木

制作拇指盆栽所使用的苗木，由于比较小巧，一般无法在花卉商店中直接购买，需要自己培育。培育方法大致分为两种：一种为插枝培育法，即将花卉的枝丫直接插入土壤中，令其生根发芽获得苗木；另一种是种子培育法，即通过培育种子发芽后获得，这种培育方法也称为"实生"。

拇指盆栽所使用的苗木，除了如长青藤等藤蔓类植物插枝后直接可以使用外，其他的种类一般需要事先培育一个月到一年的时间才能使用。

如果不打算把培育的苗木作为拇指盆栽的苗木使用，也可以继续长期培育。可以一次性培育一批苗木，在你想要制作拇指盆栽的时候选用，制作出符合自己期待的盆栽，十分便利。

拇指盆栽的制作、照看、装饰

在培育好需要使用的苗木后，就可以进入制作拇指盆栽的环节了。将小巧的植物苗木种植于同样小巧精致的盆栽容器中。普通的盆栽在完成制作后，还需要经过数年的生长发育才能够成为可以鉴赏的作品，而拇指盆栽制作完成后马上可以进行把玩。同时，拇指盆栽可以如普通盆栽一样，随着时间的流逝，尽情欣赏植物的生长、开花、结果等过程中累积的乐趣。

一般来说，如果保证每天进行浇灌、定期施肥和消毒、对其根系和枝叶精心照料，盆栽植物可以生存 1~2 年甚至更长的时间。一般来说，要在室外对其进行培育照看，将其摆放在室内装饰最多只能生存 1~2 天左右，但是在这样的短期内却能作为最为脱俗的装点，为你制造出充满灵气的氛围。

温馨提示

拇指盆栽不能长大吗？

一般来说，种植在小巧的容器中的拇指盆栽，不会如种植在室外土壤中那样成长为巨大的植物。即使是种在院子中的参天大树的树种在小容器中种植也只能保持小巧的外形。

但是，为了能够令植物长时间存活，必须要定期对其进行移株栽培。将植物从容器中取出，整理其根系，然后换入新的土壤。这样处理，即使植物仅能保持小巧的外形，但是由于根系健康，可以充分地吸收养分，苗壮生长不成问题。

以枫树为主景的拇指盆栽。在小巧的容器中保持瘦小的外形。

从苗木的培育到拇指盆栽的制作和装饰

准备苗木所需要的基础原材料

苗木可以通过插枝培育或者种子培育的方式培育。插枝培育的插枝苗可以直接在庭院或者盆栽中的树木上采折。种子如松塔或者坚果等，则可以在庭院、公园或者树林中搜集获得。（参见P20）

用坚果的种子培育实生苗。

在庭院中采折柏树的枝杈作为插枝苗。

培育苗木

苗木的培育因品种的不同而有所区别，最快的一个月左右便可以充分生根，能够直接作为拇指盆栽的素材加以使用。预先培育好苗木，就可以按照自己的心意制作拇指盆栽了。（参见P20~24）

从坚果种子中培育出的实生苗。图中所示是我们将种子种在土壤表面的种植方式。

制作拇指盆栽

完成苗木的培育后，拇指盆栽的制作过程也就完成大半了。如果想制作比较简易的拇指盆栽作品，可以直接将植物种在小容器中完成。如果想要真的花费一些时间和精力，将植物的枝干弯曲塑性，制作出独特的美感，则需要使用到捆扎钢丝等工具。（参见第二章）

将插枝苗种植在小巧的容器中，拇指盆栽的制作就完成了。

培育照看拇指盆栽

拇指盆栽一般需要在室外培育。一般来说最好放置于庭院中，如果想要在阳台等比较狭小的区域中培育，则需要花费一些工夫悉心照料。通过施肥、杀虫、枝叶护理、移植等方式，精心养护，便能够使其保持生机和活力。

拇指盆栽的装饰

接待贵客或者想为生活增添一些绿色的时候，可以用拇指盆栽装点环境。盆栽的装饰方式不受陈规的限制，可以随自己的心意来操作。拇指盆栽虽然较为小巧，但是存在感十足，能够令人感到心情舒畅。

拇指盆栽的浇灌方式。空间不够宽敞也可以养护管理。

用拇指盆栽装饰空间。

准备

搜集原料和工具

拇指盆栽所需要的工具，有些随手可得，
另外一些则需要去家居中心或者园艺店铺购买。

制作拇指盆栽的材料与工具

在制作拇指盆栽的过程中，我们需要使用到与小巧的容器相适应的小颗粒的土壤，以及适合精细作业的镊子等工具。刚入门的时候没有必要将工具收集完备，先挑选基本工具，随着制作的深入慢慢收集和购买专业工具即可。

这里我们主要为大家介绍制作拇指盆栽过程中不可或缺的"土壤""丁具"以及"容器"。当然你也需要事先准备好水苔和苔藓。如果想要固定和弯曲树木枝干进行造型设计，那么需要准备好捆扎钢丝。要根据自己的构想来准备工具。

土	我们所使用的是混合型土壤。拇指盆栽所选用的一般是各种不同性质的土壤中颗粒 比较小的"小粒"或"极小粒"的类型。

●关键在于土壤的通气性和蓄水性

在混合土壤的时候，需要考虑蓄水性、通气性和排水性的平衡。混合好的土壤可以放置于一个较大的密闭容器中保存备用。同时，这个较大的容器的盖子还可以作为制作拇指盆栽的操作台。塑料勺可放入其中以便于使用。

❶ 硬质赤玉土（极小粒）60%
赤玉土由火山灰堆积而成，是运用最广泛的一种土壤介质。硬质赤玉土不易飞散，是一种兼具蓄水性、通气性和排水性的土壤。
❷ 富士砂（小粒）20%
由日本富士山的火山灰中制作而成的土壤。蓄水性十分优越。
❸ 矢作川砂（1号）20%
产自日本中部地区矢作川地区河川中的沙土。不易飞散，排水性很好。

工具

基本的道具都可以在购物中心买到。上手熟练之后，就可以逐渐添加专业的道具了。

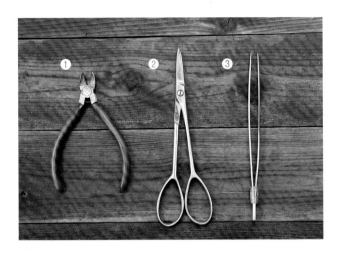

●剪刀、镊子、钢丝钳是最基本的三种工具

最初的时候，只要采购剪刀、镊子、钢丝钳三种基本工具就够了。特别是剪刀和镊子这两种工具，是平时裁剪处理植物的最佳选择。

❶ 钢丝钳：捆绑植物进行塑性的时候，用于裁剪钢丝使用。
❷ 剪刀：用于剪枝植物的枝干，修正形状。
❸ 镊子：用于修剪的时候固定植物，或者加土压实时使用。

可以选择添加的

❶ 尖嘴钳：改变捆扎钢丝的形状的时候使用。
❷ 修枝剪：用于将枝杈从根部剪断的时候使用。
❸ 修根剪：截断植物根系的专用剪刀。

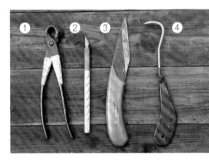

传统专业工具

❶ 除瘤钳：去除植物上的瘤子时使用。
❷ 切刀：修枝的时候使用。
❸ 小刻刀：修整植物枝干时使用。
❹ 刨根钩：将植物的根系挖出的时候使用。

水苔、苔藓

两者都是在制作拇指盆栽的时候使用，都不难入手，但是为了避免万一，一定要事先准备充足。

水苔

水苔是一种天然的苔藓，又名泥炭藓（Herba Sphagni），为水苔科植物。将水苔放置于土壤之上，可以起到保持土壤中的水分的作用。

苔藓

苔藓多种植在表层土壤之上。除了起到美观的作用外，还有助于水分的平衡管理。

容器

拇指盆栽所使用的小巧容器无疑是十分可爱的，容器具备各种各样的形状和色泽，寻找和收集容器也是十分有趣的活动。

●寻找符合你心意的容器

本来容器就是盆栽作品的一部分。充分考虑树木与容器的调和性，配合树种和树形选择容器的材质和形状，可选择性十分多样。

与大型的盆栽相似，小型盆栽所使用的各种各样的容器被称为"豆钵"等，可能不太容易买到。在制作拇指盆栽的时候，不仅可以使用专用的容器，也可以在身边收集合适的物体将其按照自己的心意加以改装，成为特别的容器。

艺术家的手工作品

可以试着寻找容器艺术家手工制作的容器作品。由于是手工制成品，所以价格一般比较高，但是你可以买到很多小巧别致的作品。

机械制作的容器

这种容器外表比较朴素，同时价格比较低，买起来不那么费事。能够在盆栽专营店中购买，或者到有盆栽柜台的百货店中选购。

形状特别的品类

在观赏小型盆栽的时候，你可能会发现很多形状不那么规整的容器，比如方形、棒状的容器，可以按照自己的喜好进行收集。

这些东西也可以作为容器

可以用美丽的贝壳代替普通的容器，但无法在底部开孔，不利于水分管理，比较适合植株强壮的植物。

基础知识

自制盆栽容器

制作拇指盆栽所需要使用的容器，
并不是只能从商店购买。
我们也可以将自己身边的物体制作成合适的容器。

制作适合盆栽管理的容器

为了使水源管理更加方便，最好在容器的底部开一个洞。但是，在种植仙人掌和多肉植物等比较皮实而且不必担心浇水的植物时，不在容器的底部开孔也可以。

另外，由于拇指盆栽比较小巧，容器的底部必须要稳固防止其歪倒也是要点之一。

以满足以上条件为标准，在身边寻找合适的物体，加以处理后打造成为理想的盆栽容器。

盆栽容器创意①

在小容器的底部开口

选择比较适合的小容器，底部开口，当做拇指盆栽的容器。陶器在底部开口比较合适，瓷器比较容易破碎，不推荐使用。

① 在地面或者比较安稳的平台上，放置一块沾湿后拧干的毛巾，将容器倒扣在毛巾上。
② 将钉子对准想要开口的地方，用锤子轻轻敲打，其要诀在于不要用太大的力气，对准同一个地方反复敲打。

敲击100次左右，便可以凿出一个漂亮的洞。

盆栽容器创意②

为套管加上稳定的四脚

如果想用套管作为盆栽的容器，首先要考虑解决其底部不稳定容易翻倒的问题。可以用陶瓷专用水泥在底部四个角的位置加装四个突出的脚。也可以根据需要在底部开口，但是由于套管容易破碎，不推荐在底部开口。

在套管底部用陶瓷专用水泥加装四个突出的脚。

作为海外旅行纪念品的套管，能够制作成色彩绚丽的容器。

准备 准备苗木

我们这里所说的苗木，特指那些用于拇指盆栽的树木秧苗。
由于其秧苗比较小，一般店铺中都没有出售。
让我们来学习通过插枝或者种子培育等方式准备秧苗吧！

苗木的入手和培育

苗木的入手方式，按照培育方法的不同，可以分为插枝、实生等不同的类型。

插枝培育的苗木一般可以直接在庭院或者盆栽中的树木上采折，作为秧苗直接插入土壤中培育。常青藤等藤蔓类植物，作为景观植物在生活中十分常见，自身比较强壮又好养活，所以推荐初学者选择这些植物插枝培育。

实生培育则可以在公园或者杂木林中拣选松塔或者坚果等植物种子，培育出苗木。

需要注意的是，切忌去别人家的庭院中随意采折别人种植的植物。同样，不要去自然保护区等山林中采折高山植物，因为会对环境造成破坏。要时刻记得对自然环境的关爱和喜爱的初心，时刻提醒自己的活动是受到自然界的恩惠，这才是正确的心态。

插枝培育一年后的苗木。

温馨提示

苔藓如何事先准备

苔藓一般在制作完拇指盆栽的主体后覆盖于土壤之上。

苔藓类除了在店铺中出售的干燥水苔之外，活的苔藓一般很难买得到。可以从其他的盆栽中所使用的苔藓上进行收集，或者直接到公园等生长苔藓的地方采摘。收集之后，将其放在湿润的报纸上，放入浅容器中，放置在阴湿润凉背光的位置培养。在需要使用的时候，再将培育好的苔藓取出使用即可。

铺在土壤上的苔藓可以选用常见的、株苗比较小的青苔。

适用于插枝的苗木和使用方法

从庭院植物或者盆栽植物上采集枝干进行培育

　　适用于插枝的植物，包括那些难以用种子培育的植物，或者使用种子培育需要花费大量时间的植物。比如黄杨木、扶芳藤、连翘、虎耳草等杂木类，或者桧木、杉木等松柏类植物等。

　　适合采折枝干进行插枝的时间从发芽前的 3 月份到枝干硬质的 6 月份之间。枝杈前端的嫩芽由于比较脆弱，容易受伤，所以要带着两三节老枝一同采折。将底部的叶片去除后作为插枝苗。根据植物种类的不同，其生根的时间从 1 个月到 1 年不等。生根之后插枝苗便算培育完成了。

连翘的插枝苗木。

杜松的插枝苗木。

适用于种子培育（实生）的苗木和使用方法

将坚果或者松塔作为种子

　　栽种种子，然后培育生根发芽，这样得到的植物秧苗被称为"实生苗"。适用于种子培育（实生）的植物，包括那些结果生种，采摘起来比较容易的植物。比如栎藤、麻栎、栓皮栎等直接结出坚果类果实的植物。坚果可以在 11 月 ~12 月期间到公园或者花圃中收集。当然我们也可以使用那些生活中更容易得到的种子，比如吃完的芒果或者琵琶果的种子，对其进行培育也是一件充满乐趣的事。也可以在秋季收集那些枫树或者槭树的絮状种子，放置于阴凉的位置保存备用。

　　树木根据种子发芽的时间不同分为不同的类型。有栽种之后马上生根发芽的短期型植物，有在种植后一年才会生长成苗木的一年生型，也有栽种数年才能够发育的多年生型。

千金榆的实生苗。

枫叶树的实生苗。

插枝培育

将植物的枝干插入土壤中令其生根发芽。我们在这里培育的是柏树的插枝苗。

准备材料

- 插枝苗
- 盆钵容器（4号）
- 土（培养土）
- 植物活力剂

必要的工具

- 剪刀
- 镊子
- 茶托
  （用于浸泡插枝苗的大容器）
- 水桶、或者大容积的容器
  （用于将盆栽浸水使用）

插枝培育的植物

● 准备插枝苗

准备插枝苗时，插枝苗枝杈前端的嫩芽（尖部颜色明亮的部分）由于比较脆弱容易受伤，所以要带着两三节老枝一同采折。

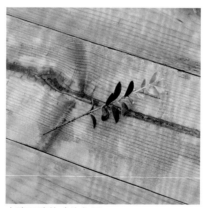

去除下端的叶片备用。

将活力剂放入茶托中，用水稀释（这里是按照100：1的比例进行稀释），将插枝苗放入其中浸泡（几小时）。

● 准备土壤

将混合好的土壤放入盆中。

在水桶中放满水，将盆钵泡入水中，令其从钵底的位置开始吸收水分。

土壤完成吸水的状态。

植入插枝苗

用镊子在土壤中等间隔地戳出洞穴。

在洞穴中插入插枝苗。

要点

间隔不要太大也不要太小

种植插枝苗的间隔，以刚好相互不会触碰到的位置为宜。如果间隔过大，可能因为风大而造成插枝苗歪倒。

用镊子在插枝苗的根部加固土壤，对插枝苗进行固定。

浸水

将处理好的秧苗连盆放入水桶中，让其充分吸水。

放置于背阴处

完成插枝作业后一周的时间，将其放置在背阴的位置，防止阳光直接照射。

完成

柏树秧苗在一年的时间内将会生根，之后便可以作为拇指盆栽的苗木使用。

温馨提示

如何确认植物是否顺利生根

我们不能将插枝苗连根拔起来确认其到底有没有生根。但是，对所有的植物来说，生根与发新芽两件事是紧密联系的。如果我们发现植物发出新芽了，那么基本可以确认这些秧苗已经生根了。

当然，你也可以根据《植物指南》的记载，通过各种不同的方式来确认植物是否已经生根。

种子培育（实生）

将植物的种子培育发芽的过程叫做"实生"培育。这里我们培育的是栓皮栎与栎藤两种植物。

准备材料
· 坚果十个
· 盆钵容器（4号）
· 土（培养土）

必要的工具
· 剪刀
· 水桶或者大容积的容器
（用于将盆栽浸水使用）

实生培育的植物

准备基底

将土壤放入容器中备用。

在水桶中放满水，将盆钵百分之九十泡入水中，令其从钵底的位置开始吸收水分。

土壤完成吸水的状态。

植入种子

将坚果放入土壤中，轻轻压实，等间距进行排列。

将坚果完全放置好的状态（长的是栓皮栎，圆的是栎藤）。

要点

各种不同的种子可以一同种植

栽种坚果种子的时候，可以将多种不同的种子放在同一个容器中进行培养。不同的种子，培育出不同的风景。

● 覆盖泥土

放入泥土至刚好覆盖种子。

用手轻轻将土壤压实。

● 完成

浇水后完成作业。在发芽前都要放置于室外通风位置。进行充分的浇水作业。

温馨提示

每年必须进行移株处理

　　不管是实生苗还是插枝苗，如果在种植后不直接用于拇指盆栽的制作，那么在培育的过程中，每年都要进行移株处理。每年移株的重要原因之一就是植物在容器中生长很容易因为空间的限制而造成根系充满整个容器，无法继续长大，生长状态会受到较大的影响，而及时的移株处理，能够保证植物成长发育的持续性。

水苔育种

将种子放置于含有水分的水苔中进行培育发芽，令其生长出曲曲折折的根系，使用这些根系可以制作出外形别致的拇指盆栽。

准备材料
· 坚果
· 水苔
· 塑胶袋

必备工具
· 剪刀

温馨提示

什么时候使用水苔育种的培育方式

采集好种子后立刻就可以培育。如果放置于室内环境中，在冬天植物就会生根发芽，所以推荐将种子事先保存过冬，待到春暖花开时进行培育最为合适。

准备水苔

用剪刀将水苔剪碎，用水浸泡后轻轻挤干水分。

放入坚果密闭培育

将处理好的水苔放入塑胶袋中，放入坚果。

将塑胶袋的袋口捆扎密封。

生根

3周左右后种子便会生根。

用水苔培育出的树木根苗。从左到右分别是栓皮栎、山茶、枥藤。

移株

生根发芽的种子可以直接作为拇指盆栽的素材加以使用，移株之后又能生长成不同的树形。

拇指盆栽的培育

在准备好工具以及秧苗后，

终于可以开始投身到拇指盆栽的制作中了！

首先要了解基本的制作方法，

在熟悉后可以按步骤操作。

完成第一件作品后，

相信你一定会想制作更多的作品！

溲疏

红叶枫

枸子

拇指盆栽培育方法简介

在这里我们介绍的是使用黄杨木插枝作业后的苗木培育拇指盆栽的过程。
内容包括苗木的准备、种植以及水苔和苔藓的使用方法等，
以此介绍拇指盆栽的制作和移株等基本方法。

红山紫茎

日本柳杉

马醉木

大果紫檀

● 整理苗木

将苗木的枯叶、破损的叶片以及根茎下部多余的叶片摘除，整理苗木的外形。

温馨提示

移植植物的时候如何正确地处理根系

最好在每年 3 月进行操作，因为这时植物正处于生长的休眠期，即使摘除掉一部分根部也不会造成巨大的损害，其他时间需要尽量避免损伤到植物的根系。

如果不得不摘除掉一部分根系，则必须等比例摘除叶片，以使整个植物的生存系统达到平衡。

● 试验苗木与容器的契合性

对将要进行种植的植物与容器进行比对，确认是否契合，是否符合自己的预期。

将苗木实际放入容器中观察，看是否能够保持平衡。除了将植物种植在容器正中间的方法外，也有时候可以将植物种植在容器的一侧。

● 加入土壤

在容器的底部放入大约一汤匙分量的土壤。令土壤完全覆盖容器的底部。

● 种植

从植物根系的顶端开始，小心避免损伤到根系，慢慢植入容器中。

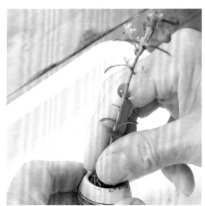

注意确认植物和容器的正面配对，调整苗木的位置，保持整体的平衡。

温馨提示

如何确定植物的正面

任何植物，都可以分为正面与背面。能够眺望到庭院风景的房间，一般都是面向南方的，因为受到太阳照射的影响，通常南侧的枝叶比较茂密，从房间眺望庭院的时候，看到的是枝叶比较松散的一面。

也就是说，植物枝叶比较稀疏的一侧被称为正面。但是，在制作拇指盆栽的时候，我们也可以偶尔跳出这一局限，按照自己的想象自由安排。

● 填满土壤

压住苗木，然后向容器中填入土壤。

在植物根系的空隙中填满土壤颗粒，并用镊子压实填满。

> **要点**
>
> **要加入足够土壤**
> 如果填装的土壤不够，可能会造成苗木歪倒。一开始，可以将土壤填满整个容器，然后再用镊子将根系空隙及根与根之间的位置压实。

● 再次加入土壤并进行固定

用镊子将土壤充分压实到根系空隙中。

用镊子再次将土壤压实。

反复进行加入土壤，然后用镊子压实的操作，直到土壤充实地填装至容器边缘稍低的位置。

● 覆盖水苔

准备少量用水浸泡后切碎的水苔备用。

将水苔覆盖于土壤之上。

> **要点**
>
> **水苔是土壤的"棉被"**
> 在土壤上覆盖水苔，能有效地防止土壤由于风吹而四散飞去，更能起到为土壤保湿作用。水苔放置得太少起不到作用，放置得太多会使土壤过于湿润，所以将其均匀地覆盖在土壤表面即可。

● 点缀苔藓

准备苔藓，用镊子摘取少量苔藓备用。

用镊子轻轻将苔藓种植于水苔之上，用镊子轻轻地将其压实。

以同样的方式将苔藓种植在容器中的其他地方。

● 浇水

将制作好的盆栽浸泡于水中，令其充分吸收水分。当盆栽中冒出水泡后取出。大约浸泡 10 秒钟的时间。

● 完成

在苗木与土壤充分契合前，将盆栽安静地放置于半阴处 7~10 天，每日浇水精心照看。

温馨提示

如何确定植物在容器中种植的位置

　　将植物的根系平均分布在整个容器中，是令拇指盆栽中的植物长时间生存的关键要点，所以一般来说，我们推荐将植物种植在容器的正中央位置。但是，有时候故意制造出倾斜的树形效果或者按照自己的想象变换植物的造型也是盆栽的重要乐趣之一。当需要种植倾斜树干的效果的时候，推荐将植物的根系种植在容器的一端。在熟练掌握种植拇指盆栽的方法以后，可以按照自己的想象，自由确认并变换多种不同的种植方式。

玉铃花

当需要种植倾斜树干的效果的时候，推荐将植物的根系种植在容器的一端。

曲折形状的拇指盆栽

所谓"曲折形状的拇指盆栽"，是指那些使用竹签等工具将盆栽中的植物枝干弯曲变形的拇指盆栽种类。

传统意义上的盆栽，需要用绳子对植物的枝干捆扎大约数年时间进行塑性，

而拇指盆栽短时间内就能达到这一效果。

枸子与枫树（右）

木通

青刚栎

准备材料

- 苗木
- 盆钵
- 土、水苔、苔藓

必备工具

- 镊子
- 竹签
- 捆扎钢丝（粗约0.8mm的铝合金丝）
- 钢丝钳
- 小汤匙（用于在盆钵中加入土壤）
- 水桶、或者大容积的容器
  （用于将盆栽浸水使用）

温馨提示

为曲折形状的拇指盆栽准备材料

　　曲折形状的拇指盆栽，是通过将植物的枝干缠绕在竹签上塑造出曲折多变的树形制成的。制作的时机，一般要选择植物比较年幼、枝干尚未完全成熟比较柔软，而且主干比较长的枝干缠绕。在这里，我们选择的是两年生的枸子苗木。除此之外，我们还推荐选择枫树、松树等树种。

要选择纤细而柔软捆扎用钢丝

　　在制作拇指盆栽的时候，我们为了防止植物的枝干受到损害，通常要选择那些纤细且柔软的材质制成的捆扎钢丝。比较推荐粗约0.8mm的铝合金丝。这种材质的捆扎钢丝不是特别贵，但是通常不好购买。我们推荐去有迷你盆栽制作经验的花卉店铺选购。

● 准备苗木和竹签

搭配观察竹签与植物的苗木，充分构思自己想要制作的树形。

要点

卷曲按照自己的喜好

卷曲植物的起始点和终止点，根据自己的喜好自由选择。可以通过选择不同的卷曲圈数，或者将竹签进行一定程度的倾斜，制作出如 P32 图片中一般，各种不同风格的树形。

摘除苗木上多余和枯萎的叶片，调整株苗状态。

● 开始弯曲后要用捆扎钢丝加以固定

摘除枯叶，对树形进行一定的修整后备用。

用捆扎钢丝捆扎植物的底部，捆扎三圈左右，将植物与竹签固定在一起。

植物与竹签固定在一起后，裁剪多余的捆扎钢丝。

● 将植物枝干卷曲缠绕在竹签上

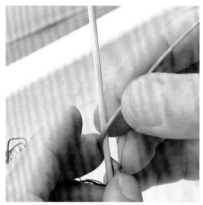

将需要弯曲的植物主干的底部与竹签并立在一起。

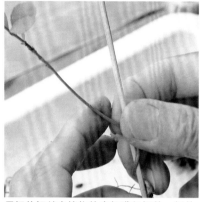

用捆扎钢丝在植物的底部进行捆扎，捆扎三圈左右，将植物与竹签固定在一起。

● 继续进行弯曲缠绕

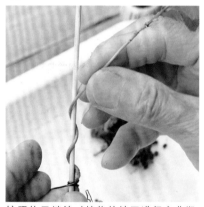

按照构思继续对植物的枝干进行弯曲塑性。

缠绕三周左右，结束缠绕。

曲曲折折

● 弯曲作业结束后固定

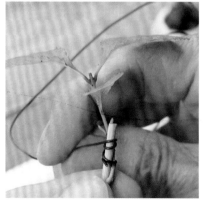

在缠绕工作完成的位置，用捆扎钢丝捆扎三圈，固定树干与竹签。

用钢丝钳裁剪多余的捆扎钢丝。

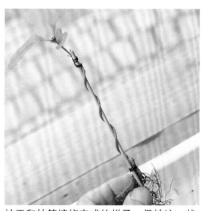

枝干和竹签缠绕完成的样子。保持这一状态将其种植进容器中。

● 种植

观察苗木与容器的契合度，考虑平衡性并决定正面的位置。

在容器的底部铺上土壤，种植树苗。

要点

种植方法参见 P28~31
苗木的种植、水苔的覆盖以及苔藓的点缀方式、浇水的方式等，所有拇指盆栽的整个制作工程都可以参照 P28~31。

加入土壤并填实，直到苗木完全固定为止。

● 覆盖水苔

准备少量用水浸泡后切碎的水苔，将水苔覆盖于土壤之上。

温馨提示

去除捆扎钢丝和竹签的时机和方式

一般来说，在将植物弯曲捆扎在竹签上大约 1 年时间后，植物枝干的形状将因为生长而变得坚硬定型。如果继续将捆扎钢丝和竹签放置其中，很可能会使得植物的枝干受损，所以在捆扎 1 年后去除捆扎钢丝和竹签比较合适。

去除竹签和捆扎钢丝的时候，可以首先将捆扎钢丝逐一小心地剪断，再把竹签缓缓拔出。

● 种植苔藓

在水苔上三个不同的位置，用镊子种植苔藓。

● 完成

将制作好的盆栽浸泡于水中，令其充分吸收水分。在苗木与土壤充分契合前，将盆栽安静放置于半阴处 7~10 天的时间，每日浇水精心照看。

 培育

圈状的拇指盆栽

"圈状的拇指盆栽"，是将植物的枝干卷成圆圈状，
制作成如小巧的圣诞松圈形状的拇指盆栽造型。
使用藤蔓状的植物可以轻松制作出这种造型。

爬藤榕（两年生）

爬藤榕（三年生）

爬藤榕（一年生）

准备材料

· 藤蔓性苗木（长约 30cm 左右）
· 盆钵　· 土
· 水苔　· 苔藓

必备工具

· 剪刀
· 镊子
· 捆扎钢丝（粗约 0.8mm 的铝合金丝）
· 钢丝剪
· 小汤匙（用于在盆钵中加入土壤）
· 水桶、或者大容积的容器（用于将盆栽浸水使用）

温馨提示

制作圈状的拇指盆栽的材料

选择那些攀附于屋墙之上的绿色藤蔓类植物最为合适。由于藤蔓类植物的枝干部分可以生出根系，所以我们在种植的时候可以直接将其弯曲的枝干栽种于土壤中，令其自然生根。正因为其自然生根的特点，在制作之前也就省去了插枝培育这一过程。

在这里我们使用的是爬藤榕这一藤蔓植物。除此之外也可以选择那些作为观赏植物或者阳台装饰植物的常春藤或者扶芳藤等植物，制作方式也相似。

选择那些枝条较为柔软，弯曲不会折断的的株苗。

决定起始点

首先，设计构思整体的圈状植物的造型，包括圈的大小以及可以看到的植物的位置等。

将植物按照设计进行试卷，看一下整体的是否合适，然后决定整个植物造型的起始点。

卷起后用捆扎钢丝固定

在起始点的位置捆扎钢丝将植物捆扎三圈左右，然后用钢丝钳剪断捆扎钢丝。

将植物卷曲一周后的样子。将下面多余的叶片去除。

要点

起始点的位置最终将埋入土壤中
平时人们可以看到的仅仅为植物圈的上半部分。按照这样的设计，对植物整体的平衡进行调整。

37

● 卷制藤蔓

将藤蔓仔细卷曲。

再缠绕两三圈。

在中间的位置用捆扎钢丝捆扎，防止植物因松动而变形。

● 卷起后固定

完成三圈的制作后，在结束点的位置将捆扎钢丝捆扎，并剪去附近多余的叶片。

要点

卷起后固定的位置要跟起始点一致
与起始点相似，结束点的也要放置于盆内的土壤中。

用钢丝钳将多余的捆扎钢丝剪断，完成植物素材的制作。

● 试验苗木与容器的契合性

将植物与容器进行比对，确认其是否契合，是否符合自己的预期。

实际将苗木放入容器中进行观察，看是否能够保持平衡。除了将植物种植在容器正中间的方法外，也可以将植物种植在容器的一侧。

要点

选择深度较深的容器
选择容器的关键点是一定要选取那些比较深的容器。这是为了使卷曲好的藤蔓植物的下半部分完全埋入土中。

● 植入植物

在容器的底部放入大约一汤匙分量的土壤。

将圈状植物慢慢地植入容器中。

加入土壤覆盖。

反复加入土壤，然后用镊子压实的操作，直到土壤充实地填装到容器边缘稍低的位置。

要点

种植方法参见 P28~31
苗木的种植、水苔的覆盖以及苔藓的点缀方式、浇水的方式等，所有拇指盆栽的整个制作工程都可以参照 P28~31。

● 覆盖水苔

准备少量用水浸泡后切碎的水苔，将水苔覆盖于土壤之上。

● 点缀苔藓

在水苔上三个不同的位置，用镊子种植苔藓。

● 完成

将制作好的盆栽浸泡于水中，令其充分吸收水分。在苗木与土壤充分契合前，将盆栽安静放置于半阴处7~10天的时间，每日浇水精心照看。

种子外露的拇指盆栽

这里我们介绍的是实生苗的种子部分露出在土壤之外，
作为树形的一部分加以欣赏的拇指盆栽。
这是一种拇指盆栽特有的造型种类。

流苏树

青刚栎

栓皮栎

准备材料

- 带有种子的实生苗（参见 P24）
- 盆钵、土
- 水苔、苔藓

必备工具

- 剪刀
- 镊子
- 捆扎钢丝（粗约 1.0mm 的铝合金丝）
- 钢丝钳
- 小汤匙（用于在盆钵中加入土壤）
- 水桶、或者大容积的容器
  （用于将盆栽浸水使用）

温馨提示

盆栽的世界中非常有人气的"观根盆栽"

这里我们制作的拇指盆栽，不但是一种可以观赏种子的盆栽，同时也是"观根盆栽"。所谓的"观根盆栽"，指的是将植物根系的一部分放置于土壤之外供人观赏的盆栽种类。"观根盆栽"的景观，与长期暴露在风雨中经受洗礼的悬崖峭壁或者海岸边的植物景致十分相似。曲曲折折、盘旋而生并裸露出土壤的根系与植物的枝干相映成趣是其最受人欢迎的乐趣之处。

曲折蜿蜒的部分原本为植物的根部，露出土壤后趣味性十足。

选择根部外露的起始点

对植物进行观察，决定植物根部外露的起始点（也就是植物根部露出土壤之外与置于土壤之内的部分的分界线）。

从植物的根部外露的起始点位置开始缠绕上捆扎钢丝。

要点

在起始点以下的位置留存较长的钢丝

制作完成的时候要固定植物，所以要预留一段比较长的钢丝。

用捆扎钢丝捆扎根部

用捆扎钢丝对根部进行捆扎后备用。

利用捆扎钢丝制作出根系曲曲折折的效果，塑造外形。

种子

外露

● 用捆扎钢丝捆扎枝干

与对根部的处理相似，用捆扎钢丝捆扎枝干。

用捆扎钢丝捆扎至叶片稍微靠下的位置。

保留适当长度的捆扎钢丝，然后用钢丝钳截掉多余的部分。

● 整理造型

植物的根系以及枝干经过捆扎钢丝处理后的样子。

依据捆扎钢丝将植物的根系和枝干弯曲，调整整体造型。

要点

让你的感觉决定造型
弯曲的方式可以自由选择。但是唯一要注意的是，为了避免重心偏移造成盆栽歪倒，要在注意整体平衡的基础上进行造型设计。

● 种植进容器

塑形完成后的实生苗如图所示。将开始缠绕时预留出的捆扎钢丝放入容器中。

将捆扎钢丝穿过容器底部的孔。

如图所示把捆扎钢丝穿过容器底部。再次确认植物和容器的整体平衡。

● 用捆扎钢丝固定种子

弯曲穿过底部的捆扎钢丝，向上翻卷。

调整树形的同时用捆扎钢丝固定实生苗。

用钢丝钳剪断多余的捆扎钢丝。

● 种植植物

放入适量的土壤，然后用镊子压实，直到土壤充实地填装到容器边缘稍低的位置。

● 覆盖水苔

准备少量用水浸泡后切碎的水苔，将水苔覆盖于土壤之上。

● 点缀苔藓

在水苔上三个不同的位置，用镊子种植苔藓。

● 完成

将制作好的盆栽浸泡于水中，令其充分吸收水分。在苗木与土壤充分契合前，将盆栽安静放置于半阴处7~10天的时间，每日浇水精心照看。

温馨提示

注意防止根部干燥

　　根部原本是需要深深植入土壤中的，所以裸露在土壤外的根系与植物的枝干相比，更加容易干燥枯萎。气候比较干燥的时候，要套上塑料袋密封才能比较安心。

浇水后，将拇指盆栽放入塑料袋中包裹，置于阴凉处放置。

每隔2~3天将拇指盆栽取出，让其中的蒸气挥发出来。

体会种植不同的拇指盆栽的乐趣

第二章介绍了拇指盆栽的制作方法，

这些都是拇指盆栽特有的制作方式。

让我们来一起体会拇指盆栽特有的培育乐趣吧。

也可以选用果实的种子进行制作

能轻松体会到传统盆栽中的乐趣，是拇指盆栽的重要特征之一。同时，由于拇指盆栽是一种崭新的盆栽艺术类型，不受以往任何的陈规限制，我们可以用自己的创意来对一切的传统进行挑战，这也是一大乐事。

例如，在制作拇指盆栽的时候，我们可以自己培育种子后进行制作。可以不用特意购买种子，而是尝试使用烹饪时候剩下的鳄梨或者芒果的种子。如何培育才能够令其顺利的发芽，并且生长出可爱的秧苗，这也是只有制作拇指盆栽才可以享受的独特乐趣。让我们一起在拇指盆栽的小世界里，创造出一些令自己都感到不可思议的伟大作品吧！

拇指盆栽特有的制作方式①

多种植物并置

传统的盆栽作品，一般在同一个容器中种植同一种类的植物。但是我们可以在拇指盆栽作品中同时种植大量不同类型的植物，创造出茂密森林般的感觉，制造出不同凡响的效果。

左手边前方为一年生的合欢木，右手边后方则是两年生的柏树。

拇指盆栽特有的制作方式②

用松塔作为装饰

上文提到我们可以收集松塔作为实生苗的种子。同时，松塔还可以作为单纯的装饰品放入容器中。在我们将松树苗种在容器的一侧的时候，可大胆地放入松塔作为装饰。

经过时间的洗礼，松塔也变得沧桑，体现出一种特有的美观。

第三章

拇指盆栽的修整养护

在栽培拇指盆栽的过程中，

最需要注意的是对植物的水分管理。

进一步来说，通过对枝叶的照看以及移株处理，

可以使植物的寿命达到1年或者2年以上，

我们可以在植物的成长过程中体味其中的乐趣。

让我们来事先对植物管理的技巧进行充分的学习吧。

杂色扶芳藤

晚红瓦松

枫树

日常管理的基础知识

为了能够让拇指盆栽长时间健康茁壮地成长，除了要每天浇水外，
还要定期给予施肥，同时进行消毒和杀虫等作业，
为了能够及时发现植物成长中的变化，要经常亲手触摸和观察。

放置于光照充足的通风场所

拇指盆栽除了作为装饰品的时间以外，基本上需要放置于室外进行照看管理。由于其外形比较娇小，除了可以放置于庭院内进行种植外，也可以考虑在阳台等位置种植栽培。

为了能让其茁壮成长，在春秋两季要保证其每天日照、通风2~3小时。如果种植条件不能符合这一要求，要花心思改善。

放置场所的要点

确保光照和通风

将植物放置于植物展架上，每盆中间间隔一段距离，可以保证阳光充分的照射，同时也有良好的通风性。如果家中没有植物展架，也可以用挡板搭成架子，或者堆砌木箱等方式。用木质的底座放置植物，与水泥或者金属质地相比，在耐寒、耐热等方面更有优势，是更为柔和、舒适的培育环境。

不要让其直接接触地面

如果直接将盆栽植物放置于土地上，很可能会因为接触到受病虫害入侵的泥土而感染疾病。而直接放置于水泥地面上，则很可能会因为水泥的反射热量而使植物受到损害。

按照植物种类以及季节的差别使用不同的管理方法

由于拇指盆栽的容器很小，其中的泥土量很少，所以在照看的过程中一定要更加仔细。特别需要注意夏冬两个季节。夏季，要着重防止植物因炙热阳光的直射或者高温而受损，这被称为"越夏"，可以为其搭建遮光棚避免植物受到阳光直射。另一方面，在严寒的冬季防止植物受到低温的侵袭被称为"越冬"，晚上可以使用塑料板材等对植物进行御寒的保护。

另外，根据植物种类的不同，其管理的手段也需要进行一定的调整。不同的植物有着不同的特性，有的喜欢温暖的环境，有的喜爱阴凉，有的喜欢干燥。如果你想要对自己种植的植物有进一步的了解，那么就推荐你购置介绍植物的书籍以备查阅。

春季是阳光最为柔和，最适合植物发育的季节，春天的植物培育方式也最为轻松。基本法则是放置于屋外进行培育，保证植物有着充足的日照时间。春天是植物抽芽的季节，新生长的叶芽十分柔弱。为了防止新芽受到强风的侵害而受损，要将植物放置于比较难以受到风吹的墙壁附近。

由于夏季温度很高，很容易使容器中的水分过度蒸发造成缺水。如果发现植物的叶子失去神采和光泽，很可能是缺水所致。要切实保证一天浇水两次，对植物进行充分的水量补充。另外，将植物放置于通风条件好同时避免阳光直射的环境中也十分重要。使用寒冷纱等防止阳光直射的工具十分有效。

与春天一样，秋季也是在培育植物方面比较容易的季节。保证阳光充足的照射是基本要点。特别是杂木类（参见P71）植物，由于即将落叶进入休眠期，需要补充大量的养分，要适当地增加对其供养的肥料，准备应对寒冬。

冬天首先要防止霜冻的侵害。拇指盆栽娇小且娇弱，遭受霜冻可能造成其细小的枝干受损，容器中的土壤如果受冻，可能对植物的根系造成损害。使用塑料板材加强保暖，或者将植物放入泡沫塑料保温箱中保湿。也可以将植物放在屋檐下改善其生长条件。

| 浇水 | 由于拇指盆栽盆中的土壤较为稀少，所以蓄水性比较差，很容易干燥。所以，浇水作业是拇指盆栽的培育管理中最重要的一个问题。 |

●浇水一定要适当浇透

拇指盆栽土壤中的水分，过多过少都对植物有伤害。如果盆中水分不够，将延缓植物的生长和发育，甚至造成植物枯萎；另一方面，如果水分过量，盆中植物的根系将长时间浸泡在水中，使植物根系腐坏。

浇水量要根据植物的不同而做出适当的调整。初夏到盛夏这段时间，要保证每天浇水两次，春秋两季每天浇水一次，冬季每三天浇水一次。在屋外种植的时候，可以使用洒水喷壶浇灌植物。如果在阳台等不适合使用喷壶的环境下，要放入水盆中汲水。

无论如何，浇水的时候，要让水分从容器底部充分浸满容器，浇灌充分是关键要点。在盆栽容器中，能够使水充分发流下来也十分重要。不要妄图一次性将水浇灌够，而是要充分保证浇灌的次数才是正确的做法。

●苔藓是水分管理的好助手

在盆栽中种植苔藓，当然有美观上的考虑。但是苔藓的种植也是水分管理中的一个相当有效的手段。由于苔藓对水分十分敏感，浇水过多或者过少，其外观色泽将会发生变化或者枯萎。反之，如果浇水适当，通风良好，苔藓的生长状态好的时候，它将会展现出勃勃生机。苔藓的生长状况能够十分明显地反映出植物水分是否得当。

土壤上的苔藓能使植物造型更加完美，也能有效管理水分。

使用喷壶浇水

在屋外种植的时候，可以使用洒水喷壶浇灌植物。这样可以避免一次性给予过多的水分，平时通过淋浴状的水分供给，使植物缓缓地接受水分的补充即可。注意可以不必一次性将水浇透，分三次为植物浇水。

在大容器中充分吸水

不适合使用喷壶浇水的时候，需要选择在大容器中放入水，令盆栽在其中充分吸水。将整个盆栽容器放入水盆中，静置一段时间，令其慢慢冒出气泡。当不再有气泡冒出的时候，才算浇水完毕。

施肥

由于在容器中培育植物，养分流失很快，所以一定要注意施肥。通常来说，液体肥料每个月施肥两次，固体废料每年施肥两次。

● 对液体肥料和固体肥料区别使用

肥料分为固体肥料和液体肥料两种。液体肥料是将化肥溶解在水中制成的溶液，是一种可以即时生效的肥料。他的效果持续时间比较短，要稀释后反复加入才能有效。在植物的生长期每月使用两次，保证施肥量充足。另一方面，固体肥料一般是油状或者粉状的，有相当的持续性效果。可以每年分两次，分别在春季（5月份）和秋季（9月份）施肥。

如果土壤中的肥料不充足，会产生植物叶片颜色暗淡以及长时间无法发芽的状况。每天要对植物进行详细的观察，确定其状态的变化后补充肥料。

固体肥料的使用方法

适合拇指盆栽所使用的，最好是针对蔬菜和山野草本植物研制的肥料。

将固体肥料放置于手中，用镊子夹起一粒。

液体肥料的使用方法

按照液体肥料包装上注明的稀释比例稀释后使用。

使用弯嘴油壶等工具在插入土壤的植物根部等位置施肥。

在水苔和苔藓上挖出一个小洞，用镊子将固体肥料放入其中压实，每盆放入两粒左右。

消毒杀虫

由于拇指盆栽十分小巧，如果发生病虫害很可能比普通的盆栽受损更大。一定要提前做好预防工作。

●营造良好的环境，及时进行病虫害预防

防治病虫害的首要要务，就是为植物营造适合生长的阳光充足、通风良好的环境，然后配合给予适当的水分和肥料，才能保证植物健康生长。令植物远离病害和害虫也是十分重要的。在栽种苗木的时候，要注意对植物叶片根部的位置是否感染病虫害加以确认。最后，要及时采取消毒、杀虫作业。为了避免长期性的病虫害，要定期（每月一次）进行消毒、杀虫等预防措施。

消毒和杀虫方式

左边是粘着剂（用于混入药剂粘在植物表面的病虫害位置）、中间是杀虫剂（驱除害虫）、右侧是杀菌剂（杀死有害微生物）。

三种液体进行混合，用喷壶喷洒在受病虫害侵害的植物上。

常见病虫害的应对方法

病虫害名称	症状	应对方法
白粉病	叶片的背面，产生如面粉一般白色的斑点。	将植物放置于光照通风的环境中，能够很好地预防病症的发生。植物生病之后，要使用治疗白粉病的专用药剂的稀释液加以处理。
煤烟病	叶片和枝干上如被煤烟熏黑一般变得暗沉。本病由多种真菌引起，暗沉的痕迹多为蚜虫等排泄物中寄生的真菌。	撒入药剂驱赶害虫，能够有效防止这一病症发生。
斑点病	叶片上出现褐色的小斑点，然后叶片逐渐变色，其原因也多是真菌引起。	将染病的叶片摘除，然后洒上药剂的稀释溶液。
蚜虫	多出现在植物新芽周围，后扩散至整个植物，吸食植物中的营养，阻碍植株生长。	发生以后用小刷子轻轻扫除，然后洒上药剂的稀释溶液。
叶螨类	发生在植物叶片的背面，吸食植物内部汁液。在染上叶螨的植物叶片的正面常常出现白色的斑点，叶色也将变得暗沉。	由于其喜爱干燥高温的环境，要将植物的叶片用水清洗，洒上药剂的稀释溶液加以处理。
蚧虫	出现在树皮和茎上，吸食植物汁液。	以后用小刷子轻轻扫除，洒上药剂的稀释溶液。

树枝管理

为了能使树木茁壮生长，并保持树木造型，要对植物的部分枝杈进行修剪。这一过程被称为"剪枝"。

●按照构思裁剪枝杈

剪枝的目的之一是保证植物的健康成长。将生长的过大的枝叶和多余的枝叶用剪刀裁减，这样做有利于植物叶片得到充足的日照，同时保持叶片间的通风，令植物生长更加茁壮，大幅降低发生病虫害的几率。

另一方面的目的，则是保证植物整体的外貌和大小。要按照自己心中设计的植物外形，对植物的枝杈进行修剪，将多余的枝干一一去除。另外，剪枝也是催促植物开花结果的重要手段之一。剪枝的时间，根据植物的种类不同而有所区别。一般来说，杂木类植物需要在植物发新芽的早春，松柏类要在晚秋时节到早春时节花朵盛开的时间最为合适。另外，还要配合植物成长的节奏，定期对植物多余的枝杈进行修剪。

剪枝的方法

按照构思找出不符合期待的、多余的枝干。

留下造型中希望留存的枝干部分，将多余的部分进行裁剪。

完成剪枝工序的拇指盆栽以及裁剪下的枝杈。裁剪下的枝杈可以再次作为插枝苗，重新培育使用。

温馨提示

这些枝杈都需要修剪

破坏植物的整体美观，需要剪枝的枝杈，通常被称为"忌枝"。忌枝分为以下几种：

●逆枝
与整体的生长方向相反的枝杈。

●络枝
与其他枝干纠缠在一起的枝杈。

●徒长枝（飞枝）
从整体形状中突然飞出的枝杈。

●平行枝（重枝）
多根枝杈生长向同一方向的枝杈。

●车枝
一个位置分生出多根枝杈。

以开花为目标进行培育

加强日常管理，令树木催生花芽

如果想要让植物开花，需要对各种树木花芽的生长条件进行了解，然后用合适的方法促使花芽分化。为了促成花芽分化，要着重加强光照、增加肥料来保证植物旺盛的生命力。首先要做的就是每天检查植物的生长状态。

大多数植物的花芽在夏季分化，所以初夏时节要尽量不去修剪枝杈。初夏以后再生长出来的枝干就不会催生花芽了。另外，分生出花芽的枝干需要大量的叶片提供养分，要格外注意防止病虫害的侵袭。

如果想要在来年继续让植物开花，在结出果实之前，要对植物的花朵进行摘除，称之为"采摘花壳"。在花朵开过后，植物将会十分疲累，要为其补充丰富的养分和水源。

盛开的海棠花。我们还推荐种植樱花、梅花、连翘等。

为了结出果实而进行培育

谨防将水浇到盛开的花朵上，以提高结果的可能性

如果想要使植物结出果实，要重视培育花朵开花、催生植物结果。与开花的情况一样，首要任务是每天关注植物的状态，进行悉心照料。

为了促使植物顺利结果，要防止采取洒水的方式浇灌植物，这样可能影响植物顺利授粉。补充水分时候时要从植物的根部浸透。植物结果的条件因植物种类的不同而有所差别。有的植物一朵花上同时带有雄蕊和雌蕊，开花授粉后便可以结出果实（火棘、海棠等）。也有的植物要在不同的枝干上长出雄花和雌花，必须令其雄花和雌花进行授粉才能结出果实（檀木等）。

结果的海棠。其他推荐栽种的结果植物包括沙果、火棘等。

移株

与对枝杈进行剪枝管理类似，对植物的根系也要进行整理。对于拇指盆栽盆栽来说，移株是保证其中的植物长期健康生长的重要手段之一。

●更新盆中土壤促进植物根系生长

盆栽在栽种的过程中，根系将充分发散在整个容器中。这样的状态放着不管，可能会造成植物根系缺氧，无法继续生长。故而需要将其取出后，对根系进行重新整理，然后更换土壤。

移植的时候，要将植物从盆中的土壤中取出，对不需要的根系进行统一裁剪，同时必须在盆中更换新的泥土。这是因为长时间的使用，盆中土壤变得破碎，通气性和透水性变差。另外，植物生长除了需要必须的氮、磷、钾等主要养分外，还需要大量的微量元素。在植物栽种一段时间后，原本蕴含在泥土中的微量元素消耗殆尽，这也需要通过更换土壤的方式重新补充。

●植物进入成长活跃期前三月是移株的最佳时间

植物移株的时间，根据植物类型的不同而有所区别，但是一般来说，需要在春季发出新芽，进入生长活跃期之前的三月最为合适。与盛夏和严冬这样比较严酷的条件相比，春秋两季气候比较温和，适合移株。但是，木瓜与玫瑰等植物，如果在春季进行移株操作，很可能造成植物根系损伤，影响顺利开花，所以比较适合在秋季移株。

在移株的时候，难免会造成植物根系干燥，植物的吸水性将会大幅下降。在干涸之前要及时补充水分。

浇水后，出现水分难以透过土壤的情况，就是植物根系比较密集的重要证据。这时候需要进行移株。

> **温馨提示**
>
> **培育植物秧苗的时候进行移株操作也很有必要**
>
> 与拇指盆栽中的植物一样，培育植物秧苗的时候也需要每年进行移株操作。移株的方式与拇指盆栽的植物基本一致。要整理植物的根系，同时更新土壤。
>
>
>
> 将苗木从种植的容器中取出，进行移株操作。

移株的方法

①将植物带着土壤从拇指盆栽的容器中拔出，去除土壤上的苔藓和水苔。

②轻轻用镊子将周边的土壤去除。在处理拇指盆栽的时候，要将全部的泥土去掉然后换入新的土壤。

③用剪刀将周边的根系全部剪掉。剪除的根系数量，要大约相当于整个根系的三分之一。

④按照拇指盆栽制作技巧（参见 P28~31）中所介绍的基本要领，重新换入新的泥土，种植植物，覆盖苔藓和水苔。

每天照料植物，能够长时间对拇指盆栽的植物进行赏玩

只要每天对拇指盆栽进行精心照料，按时浇水、施肥、预防病虫害，就能够使小巧的植物健康生长。另外，如果配合定时的移株操作，能够令小巧的植物数年都保持生命力。保持对植物的日常照料，能够长时间对拇指盆栽的植物进行赏玩。

剪枝植物的形状、整理植物形状、保持植物大小不变，能够随着植物生长变化欣赏其中的乐趣。除了红叶生长、花开花落、结出果实等四季流转中的乐趣外，还能够欣赏枝干的生长变化中形成的造型之美。拇指盆栽，通常是在小小的容器中展示自然界的风貌。所以一定要将生活中微小的对自然的感悟加入其中。

一年生的松树拇指盆栽。

两年生的松树拇指盆栽。

外出多日时如何照顾植物

全家出国旅行的时候，

或者一个人生活，有一段时候不在家的时候，

如何对拇指盆栽中的植物进行照看呢？我们将其中要点分享给大家。

防止干燥枯萎是最关键的一点

在栽种盆栽的时候是不是就不能出去旅行？其实不需要有这种担心。只要悉心应对，夏天外出一周或秋冬两周不在家都不是问题。

最为重要的要点是，要着重防止容器中土壤干涸。土壤在以下的条件下比较容易干燥：①高温；②低湿度；③通风流畅。要防止把植物放置于这些条件下。

使用密封容器或者塑胶袋是一个不错的办法。如果外出 2~3 天，可以将拇指盆栽放入浴室、洗手间或者洗脸台等湿润的环境中然后将房间密封。

无人在家时的管理方法①

放入塑料袋中密封处理

将浇水完毕的拇指盆栽放入塑胶袋中密封，然后放入浴室或者房间阴凉且能避免阳光直射的位置。特别是夏季，要避免温度过高，尽量选择一些比较阴凉的位置。

放入塑料袋中密封处理，是一种轻松又有效的管理方式。

无人在家时的管理方法②

垫上潮湿的报纸后放入密闭容器中

还有一种方法，是将植物放入密闭容器中保存的时候，事先在容器的底部放置一张潮湿的旧报纸。将拇指盆栽整齐地排列在容器中，还能够携带外出。

在密闭容器中垫上潮湿的报纸，然后放入浇水完毕的拇指盆栽。

为了避免干燥，要加盖子进行密封。

第四章

拇指盆栽的装饰赏玩

让我们将自己种植的拇指盆栽，

作为带有独特时尚感的装饰物或者摆件，

来装点你的房间吧！

仅仅是摆放小巧的盆栽，

就可以令你获得一个雅致以及心灵放松的空间，

推荐在朋友来访等时候使用。

大果紫檀

常春藤

杂色扶芳藤

装饰的要点

拇指盆栽除了"制作"和"培育"之外，
进行装饰也是其最大的乐趣之一。
放置于门口、房间的窗边、书架上，让我来尝试用拇指盆栽装饰屋子吧！

可以自由地发散思维

传统的盆栽装饰基本上是要将盆栽放置在称为"桌"以及称之为"地板"的展台上，或者选择3盆、5盆、7盆等奇数盆加以组合放置于展架上进行展示（P68）。但是，在装饰拇指盆栽的时候，可以不受这些陈规的限制，根据自己的创意，对盆栽加以摆放和组合，充分按照自己的意愿来展示其美感。

如果在装饰的时候迷茫了，可以将盆栽与小摆件加以组合。例如，使用小器皿以及杯垫等，将盆栽置于其上，拇指盆栽的美感很可能一下子就被激发了出来。明信片和人形模型也是拇指盆栽很好的搭档，可以将心爱的小摆件与拇指盆栽进行创意组合。就像选取自己心爱的洋装一般，为你制作的拇指盆栽选择最适合的搭档吧。

另外，将其放置于工作桌的电脑屏幕旁边，或者厨房台面上、洗手池旁边，用拇指盆栽为你平淡的生活增色。这不仅仅是种植了一盆拇指盆栽，更使你的生活环境一下子变得与众不同！

一定要注意这一点：盆栽不是长时间的装饰品！

装饰是拇指盆栽的重要乐趣之一。但是，为了避免拇指盆栽因为枯萎而无法长期生存，一定要悉心照料。也就是说，拇指盆栽不是只要放在那里就可以不管了的植物。

拇指盆栽，基本上是需要在室外进行种植和培育，悉心的浇水和施肥才能保证长时间生存的。如果发生土壤流失较多、肥料不足、缺水等情况，都会造成盆栽中植物的枯萎虚弱。所以在屋内进行摆放装饰的时间要控制在1~2日之内。

这一要点与传统的盆栽管理是相似的。盆栽是需要在平日进行精心照料，在特别需要的时候才能拿来欣赏的物件。

拇指盆栽平日是需要在室外进行种植和培育，悉心照料的。

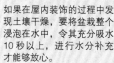

如果在屋内装饰的过程中发现土壤干燥，要将盆栽整个浸泡在水中，令其充分吸水10秒以上，进行水分补充才能够放心。

熟练的利用小配件

可以使用专用的盆栽装饰用品，
也可以选择身边随手可见的饰物。
搭配组合出别致的效果，
如杯子、垫子、杯垫、小盘等，
都可以成为装饰用品。

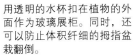
用透明的水杯扣在植物的外面作为玻璃展柜。同时，还可以防止体积纤细的拇指盆栽翻倒。

与枫树的红叶相映衬，选择绿色的衬布作为拇指盆栽的基底。适合的衬布可以营造出植物生长的自然环境一般的效果。

制作拇指盆栽的舞台

放置拇指盆栽的场所，同时也是展示其独特魅力的舞台！

让我们来一起为拇指盆栽制作其特有的舞台吧。

为了能够充分展现出植物本身的特色和景致，

关键点是尽量选择那些比较简单质朴不带花纹的展台。

在书架上放置三个纯白色的盘子，作为展示拇指盆栽的舞台。选择三盆大小、形状和种类各异的盆栽作品，制造出整体的韵律感。

展示多个不同盆栽作品的时候，可以利用高度落差。将作品放置于透光的窗口，能够反衬出植物的雅致。

别致的凳子，也是展示拇指盆栽的上上之选。你可以选定一个固定的展示区域，然后多次在此展示。

书桌上放一个白色石盘，将拇指
盆栽和鹅卵石放在上边，营造出
"小小岛屿"的氛围。

制作赏玩植物的缩微世界

人物模型、动物模型、小摆件等小巧且可爱的物品，

是不是一看就令你动容？

一边为其编织有趣的故事，

一边将其与拇指盆栽进行搭配，制作出一个独特的有趣世界吧！

将拇指盆栽与小动物模型摆放在一起，是不是像是小动物在侧耳倾听植物叶片生长的声音？

使用木箱、方巾、小纸箱的搭配，是不是像是塑造出了一个玩具房的效果？为了制造色差，选用的是红色的方巾。

与钟爱的小摆件搭配装饰

小巧可人的拇指盆栽，

可以作为一种特殊的摆件起到装饰效果。

无论是东方韵味还是西方风格，

通过适当的安排搭配，都能与房间的氛围充分契合。

明信片与拇指盆栽搭配的时候，要充分考虑两者的平衡性。你可能常常因为"要塑造出怎样的风格"而烦恼，但同时，这一过程也是一大乐趣。

与杯具等并排放置，是拇指盆栽
搭配的一种方式。粉色的花朵
令盆栽植物从整体画面中跳脱出
来，展现其活力。

不经意地融入日常生活中

当植物叶色最为浓绿茂盛，

或者开花结果的时候，

是最适合观赏盆栽的时刻。

这时一定要将植物放置到自己的生活空
间中，

让自己平淡的生活，

变得更有雅致。

将拇指盆栽放置于洗手间或者厨房中，不经意地为你
的日常生活增色不少。

将树形独特的拇指盆栽放置在书
架上。与普通的观叶植物或者插
花相比，拇指盆栽更为别致。

装饰房间的时候，小盘子作为底座能够发挥极大的作用。用盘子承载
各种各样的拇指盆栽，能够装饰在房间的各个位置。

将其放置于电脑旁边，在工作中偶露芬芳能够令人神清气爽。用小纸箱做成底座，可以防止植物翻倒。

令你的房间变得温馨安逸的要诀

在人们焦虑忙碌的时候，

会特别希望看到令自己感到放松的小物件。

如果将小巧的盆栽放置于屋子中，

便能够迅速地调节房间中的氛围。

将盆栽放置于带有植物图片的台历的前方和一侧。通过植物的外形和盆栽的容器风格变化，营造出趣味性的空间。

尝试传统的装饰方法

传统的盆栽制作方法有很多模式，
在这里我们为您介绍一些实用传统盆栽专用工具，
尝试传统的盆栽装饰方法。

在木地板和展架上使用小桌等道具

日本传统的盆栽装饰基本分为两种，一种是放置于木地板之上，叫做"木地板装饰"。基本原则是由一盆较大植物作为"主木"，加上两个比较小的盆栽"添饰"加以点缀。除此之外，也有摆成一排或者组成一组的装饰方式。

另外一种称为"展架装饰"。在木地板上放置展架，将多个盆栽置于其上装饰。使用小盆栽装饰的情况很多，大多数时候都要选择 3 盆、5 盆、7 盆等奇数盆加以组合。通常情况下都会使用称之为"桌"的展台，以及称之为"地板"的底部覆盖物加以装饰。

表现季节变化和自然风景

所谓盆栽，最大的特点就是在一个缩微的世界中通过植物来展现自然的流转和风情。比如通过整体的装饰来展现一个小世界，制造出山野的风景，体现四季的变换。

使用拇指盆栽组合装饰的时候，还要特别注意营造空间感。不仅仅是进行横向的排列，同时还可以通过上下错落、前后疏密的组合，来塑造出风景独特的自然世界。

拇指盆栽，与传统的盆栽装饰相比，更加重视现代感以及发挥自由的想象力，但是如果能很好的吸收传统盆栽的技术和经验，也能够塑造出独特的趣味性。

传统的装饰方法案例

使用"桌"和"地板"的传统装饰

如图所示，在图的正中间位置树立的展台就是所谓的"桌"，而作品之下的垫子就是"地板"。用多个拇指盆栽装饰的展架就组成了所谓的"饰"。这里使用的的道具，在装饰大型盆栽的时候十分常见，同样也适用于迷你盆栽和拇指盆栽等作品的装饰中。用 7 个盆栽作品并立，从左到右分别作为春夏秋冬四季的代表，来体现季节的变换。

综合考虑整体的平衡，根据植物的特性将枝干笔直的植物、倾斜的植物、叶片繁茂的植物组合在一起，是制作的关键要点。

第五章

各种各样的拇指盆栽

拇指盆栽虽然小巧却与传统的盆栽极其相似，

其中的树形和树种都十分具有观赏性。

本章节收录了大量关于盆栽树形和树种的基础知识，

以进一步为大家介绍盆栽的知识，

以及鉴赏盆栽魅力的方法。

五叶松

山楸梅

加拿大唐棣

多样
盆栽

盆栽的种类

虽然都被称为盆栽，但其实有着不同的树种之分。
要对各种不同的树种加以了解，拓展植物知识，
就可以随心所欲地制作盆栽作品了。

盆栽按树种大概分为四种

依据植物种类不同，盆栽大致分为"松柏类"、"杂木类"、"观花类"、"观果类"四种类型。我们提到的盆栽，大多为松柏类，松柏类之后最常见的是杂木类，除了这两种之外，以观看花朵为主的盆栽称为"观花类"，以观看果实为主的称为"观果类"。

制作一般盆栽时，我们可以直接在盆栽专营店铺购买苗木进行培育。但是制作拇指盆栽，通常需要自己培育种子得到苗木，这是与一般盆栽最大的不同。

树种① **松柏类** •

最典型的盆栽植物：针叶植物

松树、柏树、杉木等常绿类针叶树塑造外形的时候，需要一定的手段和技巧，是比较适合中高级制作者的一种植物类型。当然，松柏类盆栽是最典型的盆栽，高格调令其充满魅力。生命力顽强，生长周期长也是其最大的特点。
在制作拇指盆栽的时候，我们可以培育松塔来得到松树的苗木进行制作。

五叶松

松柏类的代表

红松、黑松、五叶松、杉木、
侩木、柏木

松柏以外的落叶树木

松柏以外的落叶乔木都被归入这一类。几乎所有的落叶乔木都遵循春季发芽、初夏新绿、秋天红叶、冬季落叶这样一个生长流程，观察其叶色变化，从中体会到季节流转、时光变换是其中最大的魅力。在这些植物中，不少都是制作比较简单，培育起来也不会太辛苦的种类，很适合初学者入手。

杂木类的代表
枫叶、榉木、山毛榉、鹅耳栎、
紫茎、常春藤

三角槭

葡萄树

温馨提示

以多年生草本植物为原料制作的"观草盆栽"

除了树木类植物以外，也可以用多年生草本植物制作拇指盆栽，叫做"观草盆栽"。"观草盆栽"因其朴素而可爱的外形独具魅力。用中意的草本植物制作，或者多种草本植物种植在混搭制作出别致的效果，都非常受欢迎。

可爱的蓝花耳草拇指盆栽。

欣赏开花吐艳的植物

这是一类欣赏美丽的花朵的植物，开花能够带来艳丽的风景。为了使植物开花，要防止花芽花苞脱落。所以，在花芽刚刚发育时就要悉心的照看和观察。在开花之后，植物将会进入一个比较脆弱的休整期，要增加肥料和水分的供给，令其恢复元气。

观花类植物的代表
梅花、樱花、海棠、
溲疏、山茶花

海棠

省沽油

忍冬树

火棘

饱含秋日情怀的果实类盆栽植物

用以欣赏果实的植物,种类十分繁多。为了令盆栽中的植物结果,需要交配授粉。根据花朵性别的不同,分为"雌雄异花同株""雌雄异花异株""两性花"等不同类型,其授粉结果的条件也大不相同。在结果之后,如何养护柔弱的植物也是一个关键要点。

观果类植物的代表

火棘、山楂、沙果、落霜红

山楂

大果紫檀

欣赏千姿百态的乐趣

所谓的树形，指的是树木不同的姿态和造型。

在盆栽领域，经过多年的培育和研究，已经具备了不少基本的树形范例。

在制作拇指盆栽的过程中我们也可以采用这些范例。

塑造树形是盆栽种植最大的乐趣

盆栽与一般的观赏类植物最大不同，就是对植物的枝干进行处理。可以说，树形的塑造是盆栽植物培育中最大的乐趣所在。

盆栽的树形一般是以自然界的树木植物造型为原型发展而来的。为了能够令这些植物造型在小巧的盆中充分展现，通常需要处理主干、剪裁修正枝干等经过一段时间将植物培育为相应的形状。

在这里我们为大家介绍的这些植物造型，都是经过多年的历史沉淀，为大多数人所钟爱而保留下来的。

拇指盆栽也可以参照这些树形来塑造。当然，普通盆栽树形的塑造成形通常需要花费数年的时间，但拇指盆栽则可以在半年或一年的短时间之内，完成树形塑造。可以说，拇指盆栽可以令初出茅庐的盆栽爱好者迅速体会到盆栽树形塑造的乐趣。

在了解了基本的树形知识之后，可以比较轻松地完成树形设计。当然，还需要你亲自参观盆栽展览等领域，进一步观察领会掌握。

树形① 直干式 ••

狮子头枫树

传统的设计方式

令一棵单独种植的树木充分伸展根系，垂直向上生长的造型。如同远眺一株株立在沙丘上的大树一般，带给人强力、庄严的印象。

可以选择那些本来就拥有直立树干的松树、杉树等松柏类植物，或者榉木等杂木类植物，通过修枝和捆扎等方式，矫正其弯曲的部分，保证其直立生长。一般来说，这种树木造型越向上生长主干越细。

适合直干式树形的植物
松树、杉树、榉木等

树形② **斜干式** ●

多样盆栽

令树干向一侧倾斜生长的树形

指的是令树木的主干向某侧倾斜生长的树形。通过倾斜生长的枝干，表现树木如自然界中向阳生长的形象。

在制作这种树形的拇指盆栽的时候，为了避免盆栽整体向某一侧倾斜而破坏整体的平衡，可以尽量将树根种植于承载容器的一侧，并在修剪时注意保留向后侧左右生长的树叶，令其比较繁茂，从而塑造和谐安定的氛围。

适合斜干式树形的植物
可选择任何种类的树木

枸子

山荞麦

蓝莓

捆扎钢丝什么时候松开比较合适?

在塑造树形的过程中，想必很多人都会有这样的疑问，所使用捆扎钢丝什么时候松开最合适呢?

将捆扎在树木枝干上的线绳松开，尝试轻轻摇动枝干，如果发现其形状不会变回捆扎前的样子，就证明塑形的过程完成了，这时可以将捆扎钢丝注意松开。

如果不及时将捆扎钢丝松开，可能因为捆扎时间过长而造成枝干上留下捆扎过的痕迹。痕迹一旦留下，将很难除去，所以一定要及时确认捆扎的状态，完成塑形后立刻松开捆扎钢丝。

树形③ 双干式

树木从根部开始分成两枝

树干分成大小两人根的造型。基本原则是将树干分成一根比较粗大，另一根比较小巧的形状，较粗大的一根叫做"主干"，小巧的一根称为"副干"。

双干式是如母子般并蒂而生的树形。为了防止母子两支向不同的方向分生，要将两支的方向调整到基本一致比较好。

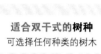
适合双干式的树种
可选择任何种类的树木

扶芳藤

树形④ 三干式

三角槭

树木从根部开始分成三枝

与双干式分成两人根的造型相似，将树木从根部分成三根的树形称为"三干式"。与双干式相同，要将各株大小的枝叶的数量进行差别化的调整。

在塑造树形的时候，要使用捆扎钢丝，将三株枝干的走向进行调整以便其协调。

适合三干式的树种
可选择任何种类的树木

树形⑤ **株立式**

一株植物根部分生数根枝干的树形

与双干式、三干式相对，将同一株植物的枝干分成五根以上的奇数棵的树形，称之为株立式。其中最为粗壮的一棵称之为"主干"，其他的都称作"枝干"，在塑造树形的时候一定要注意协调性。

以多根枝干并立的形象，塑造出树影婆娑的树林形象。

适合株立式的树种
可选择任何种类的树木

细柱柳

树形⑥ **曲干式**

令粗壮的枝干弯曲延展

将植物的主干向前后左右弯曲，同时将枝干塑造成向上生长的造型。弯曲的主干被称为"曲"。在盆栽的造型中，这一造型最受推崇。对植株自然拥有的曲线进行处理，用剪刀和捆扎钢丝校正，经过一定的时间才能获得理想的造型。

适合曲干式的树种
枫树、山茶花、松树等

木半夏

栓皮栎

胡颓子

向某一个方向流动的造型

像被风吹过一样，令树枝和树干向同一个方向飘动的造型。表现出如生长在强风吹过的山崖或者海边的植物，显现出其强劲的生命力。

对于那些枝干比较纤细的树木来说，风吹式的造型十分适合。纤细的树干和分生的枝干，表现出生命的跃动感。

适合风吹式的树种

枫树、松树

红叶枫

树形⑧ **悬崖式**

深山海棠

表现植物从山崖上向外探出样貌的造型

植物的枝干向容器的下部探出的造型，称为"悬崖式"，其中植物造型在容器边缘微微下垂的造型，称为"半悬崖"。

悬崖式树形所表现的是植物于陡峭的悬崖上生长时展现的旺盛生命力。为了保持平衡不令植物向某一侧过度倾斜，要在反方向保留部分枝叶作为调整。

适合悬崖式的树种

枫树、柏树等

树形⑨ **丛植式**

五株以上的树木塑造出独特的景致

指的是在同一个容器中种植多棵不同植物的树形。在小巧的容器中同时种植多种不同的植物，塑造出茂盛的森林的景致，有着独特的韵味。

丛植式最重要的技巧是在充分考虑不同大小植物的平衡性的基础上，将其根系放置于一个小容器中。当然，其株数必定要选择五或者七这样的奇数。

适合株立式的树种树种

榉木、山毛榉、槭树等

槭树

TITLE:［つくる・育てる・飾る！超ミニ盆栽］

BY:［岩井 輝紀］

Copyright © BOUTIQUE-SHA, INC. 2014

本书由日本靓丽出版社授权北京书中缘图书有限公司出品并由煤炭工业出版社在中国范围内独家出版本书中文简体字版本。

著作权合同登记号：01-2015-1213

图书在版编目（CIP）数据

拇指盆栽：3 cm 超可爱盆栽简单种/（日）岩井辉纪著：陈宗楠译．－－北京：煤炭工业出版社，2015
ISBN 978－7－5020－4846－4

Ⅰ.①拇…　Ⅱ.①岩…　②陈…　Ⅲ.①盆栽—观赏园艺　Ⅳ.①S68

中国版本图书馆 CIP 数据核字（2015）第 069035 号

拇指盆栽：3cm 超可爱盆栽简单种

著　　者	（日）岩井辉纪	译　者	陈宗楠
策划制作	北京书锦缘咨询有限公司（www.booklink.com.cn）		
总 策 划	陈　庆	策　划	陈　辉
责任编辑	刘新建	编　辑	郑　光
责任校对	杨　洋	设计制作	柯秀翠

出版发行　煤炭工业出版社（北京市朝阳区芍药居 35 号　100029）
电　　话　010-84657898（总编室）
　　　　　010-64018321（发行部）　010-84657880（读者服务部）
电子信箱　cciph612@126.com
网　　址　www.cciph.com.cn
印　　刷　北京美图印务有限公司
经　　销　全国新华书店

开　　本　889mm×1194mm¹/₁₆　印张　5　字数　33 千字
版　　次　2015 年 7 月第 1 版　2015 年 7 月第 1 次印刷
社内编号　7701　　　　　　　定价　35.00 元